實戰智慧館 337 李仁芳策劃

從 A 到 A⁺ 的社會

Good to Great and the Social Sectors

Jim Collins 著
齊若蘭 譯

實戰智慧館 337

從 A 到 A+ 的社會

作　　者／詹姆・柯林斯（Jim Collins）
譯　　者／齊若蘭
封面設計／董谷音、唐壽南
特約編輯／齊若蘭
主　　編／林麗雪
副總編輯／吳家恆
財經企管叢書總編輯／吳程遠
策　　劃／李仁芳博士
發 行 人／王榮文
出版發行／遠流出版事業股份有限公司
臺北市 100 南昌路二段 81 號 6 樓
郵撥：0189456-1　　傳眞：2392-6658
電話：2392-6899
香港發行／遠流（香港）出版公司
香港北角英皇道 310 號雲華大廈 4 樓 505 室
電話：2508-9048　　傳眞：2503-3258
香港售價：港幣 60 元
著作權顧問／蕭雄淋律師
法律顧問／王秀哲律師・董安丹律師
排　　版／中原造像股份有限公司
2007 年 9 月 1 日初版一刷
行政院新聞局局版臺業字第 1295 號

新台幣售價 180 元（缺頁或破損的書，請寄回更換）

ISBN　978-957-32-6121-6

YLib 遠流博識網
http：//www.ylib.com　E-mail：ylib@ylib.com
http://www.ylib.com /ymba　E-mail: ymba@ylib.com

出版緣起

王榮文

在此時此地推出《實戰智慧館》，基於下列兩個重要理由：其一，臺灣社會經濟發展已到達了面對現實強烈競爭時，迫切渴求實際指導知識的階段，以尋求贏的策略；其二，我們的商業活動，也已從國內競爭的基礎擴大到國際競爭的新領域，數十年來，歷經大大小小商戰，積存了點點滴滴的實戰經驗，也確實到了整理彙編的時刻，把這些智慧留下來，以求未來面對更嚴酷的挑戰時，能有所憑藉與突破。

我們特別強調「實戰」，因爲我們認爲唯有在面對競爭對手強而有力的挑戰與壓力之下，爲了求生、求勝而擬定的種種決策和執行過程，最值得我們珍惜。經驗來自每一場硬仗，所有的勝利成果，都是靠著參與者小心翼翼、步步爲營而得到的。我們現在與未來最需要的是腳踏實地的「行動家」，而不是缺乏實際商場作戰經驗、徒憑理想的「空想家」。

我們重視「智慧」。「智慧」是衝破難局、克敵致勝的關鍵所在。在實戰中，若缺乏智慧的導引，只恃暴虎馮河之勇，與莽夫有什麼不一樣？翻開行銷史上赫赫戰役，都是以智取勝，才能建立起榮耀的殿堂。孫子兵法云：「兵者，詭道也。」意思也明指在競爭場上，智慧的重要性與不可取代性。

《實戰智慧館》的基本精神就是提供實戰經驗，啓發經營智慧。每本書都以人人可以懂的文字語言，綜述整理，爲未來建立「中國式管理」，鋪設牢固的基礎。

遠流出版公司《實戰智慧館》將繼續選擇優良讀物呈獻給國人。一方面請專人蒐集歐、美、日最新有關這類書籍譯介出版；另一方面，約聘專家學者對國人累積的經驗智慧，作深入的整編與研究。我們希望這兩條源流並行不悖，前者汲取先進國家的智慧，作爲他山之石；後者則是強固我們經營根本的唯一門徑。今天不做，明天會後悔的事，就必須立即去做。臺灣經濟的前途，或亦繫於有心人士，一起來參與譯介或撰述，集涓滴成洪流，爲明日臺灣的繁榮共同奮鬥。

這套叢書的前五十三種，我們請到周浩正先生主持，他爲叢書開拓了可觀的視野，奠定了紮實的基礎；從第五十四種起，由蘇拾平先生主編，由於他有在傳播媒體工作的經驗，更豐實了叢書的內容；自第一一六種起，由鄭書慧先生接手主編，他個人在實務工作上有豐富的操作經驗；自第一三九種起，由政大科管所教授李仁芳博士擔任策劃，希望借重他在學界、企業界及出版界的長期工作心得，能爲叢書的未來，繼續開創「前瞻」、「深廣」與「務實」的遠景。

《實戰智慧館》

策劃者的話

李仁芳

企業人一向是社經變局的敏銳嗅覺者，更是最踏實的務實主義者。

九○年代，意識形態的對抗雖然過去，產業戰爭的時代卻正方興未艾。

九○年代的世界是霸權顛覆、典範轉移的年代：政治上蘇聯解體；經濟上，通用汽車（GM）、IBM虧損累累——昔日帝國威勢不再，風華盡失。

九○年代的台灣是價值重估、資源重分配的年代：政治上，當年的嫡系一夕之間變偏房；經濟上，「大陸中國」即將成爲「海洋台灣」勃興「鉅型跨國工業公司（Giant Multinational Industrial Corporations）的關鍵槓桿因素。「大陸因子」正在改變企業集團掌控資源能力的排序——五年之內，台灣大企業的排名勢將出現嶄新次序。

企業人（追求筆直上昇精神的企業人！）如何在亂世（政治）與亂市（經濟）中求生？外在環境一片驚濤駭浪，如果未能抓準新世界的砥柱南針，在舊世界獲利最多者，在新世界將受傷最大。

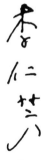

亂世浮生中，如果能堅守正確的安身立命之道，在舊世界身處權勢邊陲弱勢者，在新世界將掌控權勢舞台新中央。

《實戰智慧館》所提出的視野與觀點，綜合來看，盼望可以讓台灣、香港、大陸，乃至全球華人經濟圈的企業人，能夠在亂世中智珠在握、回歸基本，不致目眩神迷，在企業生涯與個人前程規劃中，亂了章法。

四十年篳路藍縷，八百億美元出口創匯的產業台灣（Corporate Taiwan）經驗，需要從產業史的角度記錄、分析，讓台灣產業有史為鑑，以通古今之變，俾能鑑往知來。

《實戰智慧館》將註記環境今昔之變，詮釋組織興衰之理。加緊台灣產業史、企業史的紀錄與分析工作。從本土產業、企業發展經驗中，提煉台灣自己的組織語彙與管理思想典範。切實協助台灣產業能有史為鑑，知興亡、知得失，並進而提升台灣乃至華人經濟圈的生產力。

我們深深確信，植根於本土經驗的經營實戰智慧是絕對無可替代的。另一方面，我們也要留心蒐集、篩選歐美日等產業先進國家，與全球產業競局的著名商戰戰役，與領軍作戰企業執行首長深具啓發性的動人事蹟，加上本叢書譯介出版，俾益我們的企業人汲取其實戰智慧，作為自我攻錯的他山之石。

追求筆直上昇精神的企業人！無論在舊世界中，你的地位與勝負如何，在舊典範大滅絕、新秩序大勃興的九〇年代，《實戰智慧館》會是你個人前程與事業生涯規劃中極具座標參考作用的羅盤，也將是每個企業人往二十一世紀新世界的探險旅程中，協助你抓準航向，亂中求勝的正確新地圖。

【策劃者簡介】李仁芳教授，一九五一年出生於台北新莊。曾任政治大學科技管理研究所所長，輔仁大學管理學研究所所長，企管系主任，現為政大科技管理研究所教授，主授「創新管理」與「組織理論」，並擔任行政院國家發展基金創業投資審議會審議委員，交銀第一創投股份有限公司董事，經濟部工業局創意生活產業計畫共同召集人，中華民國科技管理學會理事，學學文化創意基金會董事，文化創意產業協會理事，陳茂榜工商發展基金會董事。近年研究工作重點在台灣產業史的記錄與分析。著有《管理心靈》、《7-ELEVEN 統一超商縱橫台灣》等書。

目錄

自序
有卓越的社會，才有偉大的國家

一九八八年，我在史丹佛大學任教的第一年，曾經向榮譽教授嘉德納（John Gardner）請教，怎麼樣才可以成爲優秀的教師。嘉德納曾經擔任美國衛生、教育暨福利部部長，也是公民行動組織「共同使命」（Common Cause）的創辦人，還寫了一部經典教科書《自我更新》（*Self-Renewal*），他一語驚醒夢中人，改變了我的人生。

他說：「我覺得你花了太多時間想讓別人覺得更有趣，你爲什麼不投入更多時間激發自己的興趣呢？」

我不知道本書能否讓每位讀者都感到有趣，但我確知本書的內容乃衍生自我對「社會部門」（social sector，例如學校、醫院、政府機關，社會福利與宗教團體等）愈來愈濃厚的興趣。我對社會部門產生興趣有兩個原因：

首先是社會部門出乎意料之外地，開始閱讀我們的研究成果。我通常都被歸類為財經企管作者，然而我的讀者卻有三分之一以上屬於非營利組織。

其次純粹是學習新事物——了解社會部門領導人所面對的挑戰，以及思考將研究成果應用到企業以外的環境中可能產生的問題時，所感受到的樂趣。

我最初想將本文納入未來再版的《從A到A⁺》（*Good to Great*）作為新章節。但經過一番深思之後，我認為不宜強迫讀者為了閱讀本文，而必須再買一本《從A到A+》，所以我們決定將本文獨立成書，也就是說，雖然本書可以單獨閱讀，但我在寫作時，其實是配合《從A到A+》的內容，因此同時閱讀兩本書的讀者將獲益最多。

我不敢自居爲研究社會部門的專家，但我秉持嘉德納的精神研究和學習，而且是滿懷熱情的學生。我了解單單關注如何建立卓越的企業已經不夠。如果我們只有卓越的企業，我們的社會將會繁榮興盛，但卻不會偉大。經濟成長和權力都只是成就偉大國家的手段，而非偉大國家的定義。

柯林斯寫於科羅拉多州包德爾市

www.jimcollins.com

二〇〇五年七月二十四日

社會部門從優秀到卓越之路

爲什麼變得「更像企業」並非解決之道？

關鍵不在於企業和社會部門有何差異，
而在於卓越和優秀的分別。
我們不能再天真地把「企業的語言」硬套在社會部門頭上，
而是要共同擁抱「卓越的語言」。

我們必須揚棄一個用意良善、卻大錯特錯的想法——以爲變得「更像企業」是社會部門追求卓越的重要途徑。大多數的企業就和人生其他事情沒什麼兩樣，多半都落在平庸和優秀之間，眞正稱得上「卓越」的企業可說寥寥無幾。此外，當你比較卓越企業和優秀企業時，會發現許多通行的做法其實只是塑造出平庸的企業，而非卓越的企業。那麼，何必將這些平庸的做法引進社會部門呢？

我曾經和一群企業執行長分享這個看法，結果台下一片譁然。素來深思熟慮的魏克利（David Weekley）立刻舉起手來（魏克利創辦了一家很成功的公司，但現在幾乎把一半的時間都奉獻給社會部門），「你這麼說有任何證據嗎？」他質問，「根據我在非營利組織工作的經驗，我發現他們非常需要加強紀律——需要有紀律的規劃、有紀律的員工、有紀律的治理、有紀律的分配資源。」

「你爲什麼認爲那是企業界獨有的觀念呢？」我回答，「大多數的企業也非常需要加強紀律。我幾乎很少在平庸的公司看到像卓越公司那種堅持紀律的文化——也就是有紀律的員工透過有紀律的思考，採取有紀律的行動。強調紀律的文化並非經營企業的準則，而是追求卓越的法門。」

後來，我們在晚餐桌上繼續辯論，我問魏克利：「如果你當初選擇了一條不同的人生道路，例如成爲教會領袖、大學校長、非營利機構主管、醫院院長或中小學校長，你做事的時候，紀律會比較鬆散嗎？你在領導部屬時，態度會比較不開明嗎？或不那麼注重找對人上車的原則，或比較不那麼嚴格要求工作成果嗎？」魏克利沉吟半晌後回答：「應該不會。」

> 我就是在這時候恍然大悟：我們需要新的語言。關鍵不在於企業和社會部門有何差異，而在於「卓越」和「優秀」的分別。我們不能再天真地把「企業的語言」硬套在社會部門頭上，而是要共同擁抱「卓越的語言」。

這正是我們努力的目標：建構出「卓越」的架構，說明有哪些恆久不變的原則足以解釋爲什麼有的組織會變得很卓越，其他組織卻做不到。

在《從A到A+》中，我們透過嚴謹的配對研究方式，比較卓越公司和未能達到卓越的對照公司之間的差別何在（見二十頁，圖表1）。但我們的研究重心在本質上並非針對「企業」，而是針對「卓越」與「優秀」之別。

社會部門的領導人欣然接受這樣的觀念——重要的是掌握「卓越」的準則，而非效法「企業」的經營之道。

如果寫電子郵件給我的讀者來自非營利機構和企業界比例差不多的

圖表 1. 從 A 到 A^+ 的配對研究方式

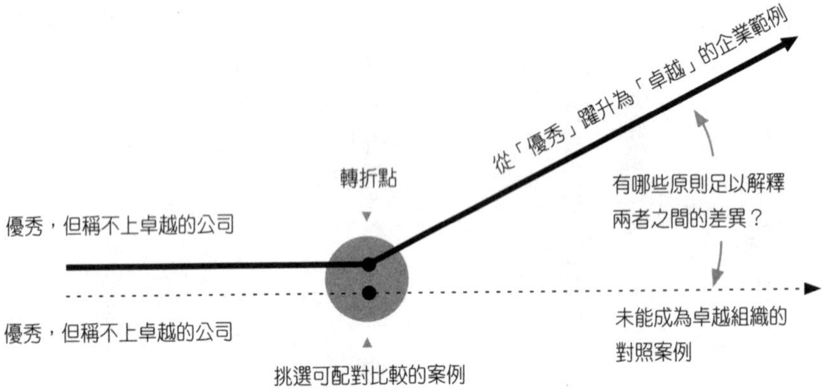

話，那麼《從A到A⁺》的讀者大約有三成到五成來自於非營利機構。我們接到了數以千計的電話、信函、電子郵件和邀請函，分別來自教育界、醫療保健業、教會、藝術界、社會服務業、公益團體、警察局、政府機構，甚至軍事單位。

這些迴響透露了兩個訊息：

第一，「從優秀到卓越」的原則的確適用於社會部門，甚至可能比我們原本預期的更加切合社會部門的需求。

第二，在面對和企業界截然不同的現實狀況時，社會部門領導人一再提出幾個相同的問題。

我把他們的問題綜合成以下五個議題，並形成本書的主要架構：

1. **定義「卓越」**

缺乏量化指標時，如何衡量成功？

2. **第五級領導人**

在分權的架構下，完成工作。

3. **先找對人**

在社會部門的層層束縛下，找到適當人才。

4. **刺蝟原則**

從「經濟引擎」轉變爲「資源引擎」。

5. **轉動飛輪**

藉著建立品牌來累積動能。

本書乃是在有系統地訪談一百多位社會部門領導人，聽取他們的意見，並研究分析相關資料後寫成。我希望未來能看到以非營利機構的資料來進行配對研究的結果，但這樣的研究可能要耗費十年時間才有辦法完成。在此同時，我覺得有責任先行回應讀者應用「從優秀到卓越」的原則時產生的諸多疑問，而本書只是其中的一小步。

議題一

定義「卓越」——

缺乏量化指標時，如何衡量成功？

在企業界，金錢既是投入（追求卓越的資源），
也是產出（衡量卓越的標準）。
在社會部門，金錢只是投入，
而不是衡量卓越與否的標準。

一九九五年，紐約市警局佈告欄上貼了一張未署名的字條，上面寫著：「我們不單單是接受報案的單位，我們是警察。」當時的警察局長布瑞頓（William J. Bratton）試圖把注意力的焦點從「投入」轉移到「產出」，這張字條正顯示了這樣的心態轉變。

在布瑞頓上任前，紐約市警局主要依照「**投入**」指標來自我評估，例如逮捕人數、報案次數、預算達成率，而不是根據犯罪率降低的成果（「**產出**」指標）來評估。布瑞頓上任後，設立了大膽的產出目標，例如將每年的重罪犯罪率降低一〇%以上，同時實行「電腦比較統計」的機制。

一九九六年《時代》（*Time*）雜誌曾在文章中描繪一位紐約市警官站在指揮中心的講台上冷汗直流的窘態。他的背後掛了一張地圖，上面標示著許多紅點，顯示他的轄區內搶案大幅增加。

彷彿置身於電視影集《平步青雲》（*The Paper Chase*）中的哈佛法學院課堂，他必須面對一連串詰問：「這些搶案顯示了什麼樣的犯罪形態？」「你打算用什麼方法把這些壞蛋揪出來？」

根據《CIO洞見》（*CIO Insight*）雜誌的報導，當時紐約市警局約有七五%的分局長都因爲沒辦法降低轄區犯罪率而下台。布瑞頓解釋：「如果我們發現分局長每週在電腦比較統計會議中，都達不到標準，我們就得找別人來取代他。」

區分「投入」和「產出」是非常基本的動作，但往往為一般人所忽視。

前一陣子，我翻開一本財經雜誌，發現他們在評估慈善機構時，其中有部分評估標準是管銷費用和募款費用占整體預算的比例。這個想法用意良善，但卻反映出他們完全不清楚「投入」和「產出」的區別。

這麼說好了：如果你依照這本財經雜誌的邏輯，以教練薪資高低來爲美國各大學體育處排名，你會發現史丹佛大學的教練成本占總支出的比例高於其他同級學校。但我們能因此就認定史丹佛大學在體育方面的表現「比較不那麼卓越」，排名比較低嗎？

根據這本財經雜誌的邏輯，可能會得出上述這樣的結論——而這個結論十分荒謬。

事實上，史丹佛大學連續十年都因爲在體育方面的整體表現最佳，而擊敗其他名校，獲得美國大學體育主任協會獎盃，而且史丹佛大學有八成以上的運動員都順利拿到大學文憑。

如果誤以為「由於史丹佛大學的教練薪資成本高於其他學校，因此史丹佛的體育部門不是那麼卓越」，就忽略了眞正的重點，那就是從運動和學術表現的最終成果來看，史丹佛大學體育部門展現了非凡的績效。

「投入」和「產出」之所以混淆不清，和企業與社會部門的主要差異有關：在企業界，金錢既是「投入」（追求卓越的資源），也是「產出」（衡量卓越的標準）。但在社會部門，金錢只是投入，而不是衡量卓越與否的標準。

卓越的組織總是能展現高人一等的績效，產生深遠的影響。對企業而言，財務報酬絕對是正當的績效衡量標準。然而，對社會組織而言，績效衡量標準必須和使命有關，而非根據財務報酬的多寡來衡量績效。

在社會部門，關鍵問題不在於「我們每投入一塊錢資金，能賺回多少錢？」而是「我們能多有效地運用投入的資源來達成使命，並產生深遠的影響？」

你可能會想：「好吧，但大學體育部門和警察局都有個莫大的優勢：你可以衡量比賽獲勝次數和犯罪率。但如果碰到無法衡量產出的情況呢？」

基本觀念仍然相同：明確區分「投入」和「產出」，即使難以具體

衡量「產出」，仍然要設法增進「產出」。

莫里斯（Tom Morris）在一九八七年接任美國克里夫蘭交響樂團行政總監時，樂團面對的是財務呈現赤字，捐款很少且看不出來有什麼改善的可能，地方經濟也深陷泥沼。莫里斯曾在接任前，詢問兩位重要的董事：「如果我接下這個位子，你們會希望我怎麼做？」他們的回答是：讓這個已經非常卓越的交響樂團在藝術表現上更加出類拔萃。

儘管莫里斯沒有辦法精確衡量卓越的藝術表現，卻不會影響一個事實：克里夫蘭交響樂團主要是根據藝術上的卓越表現來定義績效；克里夫蘭交響樂團有個膽大包天的目標：要成爲舉世公認最偉大的三大交響樂團之一，因此他們會持續展現嚴苛的紀律：總是以最卓越的藝術表現方式來演奏最具挑戰性的古典樂曲，而且一年比一年進步。

「我們問了一個簡單的問題，」莫里斯解釋，「所謂『卓越表現』究竟是什麼意思？」

莫里斯和他的團隊針對「卓越」研究了許多不同的指標：

◆是指觀眾起立喝采的次數增加嗎？

◆還是擴大樂團演奏的曲目，除了演奏純古典樂曲，也能完美呈現複雜的現代曲目？

◆還是應邀到歐洲最具聲望的音樂節表演？

◆還是音樂會門票愈來愈搶手，而且不只在克里夫蘭如此，到紐約演奏時也一票難求？

◆還是其他交響樂團愈來愈喜歡模仿克里夫蘭的曲目和樂風？

◆還是愈來愈多作曲家希望讓克里夫蘭樂團首演他們的作品？

在莫里斯領導下，克里夫蘭交響樂團的捐款躍升三倍，達到一億二千萬美元，同時他們還將賽佛倫斯音樂廳（Severance Hall）整修爲一流的音樂演奏廳。

莫里斯之所以能有這樣的成績，是因為他明白捐款、營收和成本結構都是「投入」指標，而非衡量卓越的「產出」指標。

下頁說明克里夫蘭交響樂團以哪些指標來定義「卓越」。

圖表 2. 克里夫蘭交響樂團的卓越之道

高人一等的卓越表現

- 觀眾的情緒反應；起立喝采的人數增加。
- 廣泛的技術層次：無論曲目多麼困難，都能以卓越的技巧演奏任何樂曲，曲目從團員早已駕輕就熟的古典樂曲到困難陌生的現代曲目都包括在內。
- 音樂會門票愈來愈搶手，即使是比較複雜、富想像力的節目都一樣，而且不只在克里夫蘭如此，到紐約及歐洲巡迴演奏時，都大受歡迎。
- 二十五年來，三度應邀到薩爾斯堡音樂節演奏，表示克里夫蘭已經被公認為世界一流樂團，和歐洲頂尖交響樂團並駕齊驅。

發揮獨特的影響力

- 愈來愈多交響樂團模仿克里夫蘭樂團的曲目風格，克里夫蘭的影響力愈來愈大。

- 成為市民的驕傲，連計程車司機都說：「真為我們的交響樂團感到驕傲。」
- 九一一之後的第二個晚上，賽佛倫斯音樂廳座無虛席，透過偉大音樂穿透人心的力量，音樂廳成為克里夫蘭人共同哀悼的地方。
- 克里夫蘭交響樂團領導人愈來愈常應邀到頂尖音樂團體或樂界集會中扮演領導角色或發表看法。

恆久卓越

- 從塞爾（George Szell）到布列茲（Pierre Boulez）、杜南伊（Christoph von Dohnányi）、魏瑟-莫斯特（Franz Welser-Möst），雖然歷經多任指揮，仍然保持卓越。
- 支持者願意投入時間和捐獻金錢，促使交響樂團長期成功；捐款成長三倍。
- 無論在莫里斯到任前、在職期間或卸任後，克里夫蘭交響樂團始終是個強而有力的組織。

顯然，克里夫蘭交響樂團的莫里斯和紐約市警局的布瑞頓都嚴謹地思考自己的工作。他們能夠明確地區分「投入」和「產出」，同時又展現充分的紀律，促使組織努力追求產出的績效。至於布瑞頓能將指標量化，莫里斯則缺乏量化的指標，但這根本不是重點所在。

無論你能否把工作成果量化，其實都沒有關係。重要的是你能否嚴謹地蒐集證據（無論是量化或質化的證據），來追蹤進步的幅度。

- 如果你蒐集到的主要是質化的證據，就要學習法庭律師的思考方式，在錯綜複雜的證據中抽絲剝繭。

● 如果你的證據大都能量化，那麼就要像實驗室的科學家般蒐集和評估數據。

在討論績效衡量標準時只是把雙手一攤，表示：「但是在社會部門，我們根本沒辦法像你們在企業界那樣衡量績效。」完全是一種缺乏紀律的表現。

事實上，無論是量化指標或質化指標，任何衡量指標都有缺點：以測驗分數作爲評估標準有缺點，用論文篇數有缺點，用犯罪率有缺點，用顧客服務數據有缺點，用病人復原狀況也有缺點。

重要的不是找到最完美的衡量指標，而是找到一致且合理的方式來評估成果，然後以嚴謹的態度追蹤進度。所謂卓越的績效到底是什麼意思？你有沒有先設定基準線？有沒有持續進步？如果沒有，原因是什麼？怎麼樣才能進步得更快，早日達到膽大包天的目標？

你可以把整個「從優秀到卓越」的架構看成一組「投入」要素——與能否創造卓越「產出」密切相關的要素（見四十頁，圖表3「從優秀到卓越的架構——達到卓越水準的投入和產出」中概略說明了這個觀念，顯示如何透過有紀律地應用「從優秀到卓越」的原則，創造出卓越的成果）。

從優秀躍升到卓越的過程需要永不懈怠地堅持「投入」要素，嚴謹追蹤你們在「產出」要素上的進展，然後努力提升自己的表現，發揮更大的影響力。無論達到多大的成就，比起你能夠達到的成就而言，都只是還不錯而已。

卓越是個動態的過程，而非終點。一旦你認為自己已經很卓越了，你就已經開始走下坡，邁向平庸。

圖表3. 從優秀到卓越的架構——達到卓越水準的投入和產出

達到卓越的投入
應用從優秀到卓越的架構

階段1

有紀律的員工
- 第五級領導人
- 先找對人，再決定要做什麼

階段2

有紀律的思考
- 面對殘酷的現實
- 刺蝟原則

階段3

有紀律的行動
- 強調紀律的文化
- 飛輪效應

階段4

基業長青，恆久卓越
- 造鐘，而非報時
- 保存核心／刺激進步

奠定基礎

卓越的產出
成為卓越的組織

高人一等的卓越表現

企業藉由財務報酬多寡和能否達成目標，來定義績效。社會部門則藉由能否有效達成社會使命，來定義績效。

發揮獨特影響力

組織以如此卓越的水準，對社區有如此獨特的貢獻，一旦消失在世上，任何機構都難以彌補它所留下的空洞。

恆久卓越

組織不需仰賴任何單一領導人或偉大的構想、市場週期或資金充沛的計劃，而長期展現非凡的績效。即使遭到挫敗，都能愈挫愈勇，日益茁壯。

議題二

第五級領導人——

在分權架構下完成使命

社會部門領導人面對複雜而分散的權力結構，
更需要融合第五級領導人謙沖為懷的個性
與專業堅持的意志力。

當海瑟貝恩（Frances Hesselbein）成為美國女童軍總會執行長時，《紐約時報》的專欄作家問她，位居龐大組織最高層有何感想。

海瑟貝恩好像在為一堂重要的課程備課的老師般，很有耐性地重新排列起桌上的餐具，用刀、叉、匙作為杯、碟、盤之間的連結，成為一組向外輻射的同心圓。

海瑟貝恩指著桌子中央的玻璃杯，「我在這裡，」她說。海瑟貝恩想傳達的訊息是，或許她的頭銜是執行長，但她並非位居最高層。

海瑟貝恩面對由數百個女童軍地方分會所組成的複雜治理機構（每個分會都有自己的理事會），以及六十五萬名志工，手中並沒有完全的決策權。即使如此，她仍然製作手冊，探討敏感議題，促使大眾正視今天美國年輕女孩需要面對的殘酷現實，例如少女未婚懷孕和喝酒的問題。女童軍會更增加數學、技術、電腦等各種專科徽章，強化女性有才幹、獨立自主的形象。

海瑟貝恩並沒有硬要別人照她的方式改變，她只是給各分會機會，讓他們自行衡量是否要有所改變。結果大多數分會後來也都開始改變。

有人問海瑟貝恩，在並非大權在握的情況下，要如何完成這麼多工作，她說：「喔，只要知道力量從何而至，你永遠都擁有很多權力，你可以擁有包容的力量、語言的力量、共同利益的力量和合作結盟的力量。你的周遭到處都有可以運用的力量，但這些力量並非都是顯而易見的。」

社會部門領導人無論是向傑出人士組成的非營利機構董事會、校董會或政府的監督機制報告，他面對的都是複雜而分散的權力結構。如果再進一步考慮到面對終身職教師、公務員、志工或警察工會的情況或任何組織的內部因素，就會明白非營利機構領導人完全沒辦法像企業執行長般一手掌控決策大權。

一般而言，社會部門領導人並非決斷力不如企業領導人，只有不了解社會部門的複雜治理機制和分權架構的人，才會有這樣的誤解。

海瑟貝恩幾乎和任何企業領導人一樣有決斷力，不過由於她面對的治理機制和權力結構與企業大不相同，展現企業主管般的領導風格是不切實際的做法。

這是爲什麼有些企業主管轉換跑道到社會部門服務後，往往表現不佳。一位企業執行長轉任學術機構主管後，企圖領導教師實現他的願景。然而，他愈是把管理技巧運用在校務上，教職員的反應愈是冷淡，寧可忙別的事，也不願出席他召開的教職員會議。

他該怎麼辦呢？開除他們嗎？但他們都享有終身職的保障。原來他不知道的是，一位大學校長曾經形容面對終身職教授時，最常得到的回應爲：「一連串的『不、不、不』。」但等這位企業執行長明白這個道理後爲時已晚。在經歷了「有生以來最耗盡心力的工作」後，他還是回到企業界工作。

由於非營利機構複雜的治理機制和分權結構，我推斷會有兩種形態的領導風格：行政型領導和立法型領導。

就行政型領導而言，領導人大權在握，只需要制定正確的決策就好。

就立法型領導而言，沒有任何領導人（即使是名義上的最高主管）有足夠的權力單獨制定重要決策，因此需要透過說服別人、運用政治籌碼和共享利益來營造正確決策的條件。也正因爲這種立法型領導的互動形態，因此對社會部門而言，第五級領導人就格外重要。

「從優秀到卓越」的研究發現領導能力可以分爲五個層級，最頂端的是第五級領導。第五級領導人和第四級領導人最大的分別在於：**第五級領導人的一切雄心壯志都是為了目標、為了組織、為了工作——而不是為了自己，而且他們有強烈的決心，要盡一切努力成功實現目標。**（見五十一頁，圖表4「第五級領導/領導能力的五個層級」）

在社會部門中，融合第五級領導人謙沖為懷的個性和專業堅持的意志力的強烈特質，正是塑造領導正當性和影響力的關鍵要素。畢竟，如果你並非他們的頂頭上司，他們爲什麼要遵照你的決策行事呢？

一位社會部門領導人就坦承：「我學到的教訓是：第五級領導需要爲了大我而展現聰明機智。最後，確保組織做出正確的決策是我的責任，即使我無權獨自做決策，而且那些決策也無法討好所有人。能做到這點的唯一方法是讓大家知道，我的出發點永遠都是爲了追求工作上的卓越，而不是為了自己。」

第五級領導並非就代表「軟性」或「溫和」的領導，或單純強調「包容一切」或「建立共識」。第五級領導的重點在於確保組織能做出正確的決策——無論多麼困難或多麼痛苦，也無論是否達成共識，或最後的決策能否博得好評，為了讓組織恆久卓越，也為了達成使命，領導人必須做出正確的決策。

圖表 4.　第五級領導／領導能力的五個層級

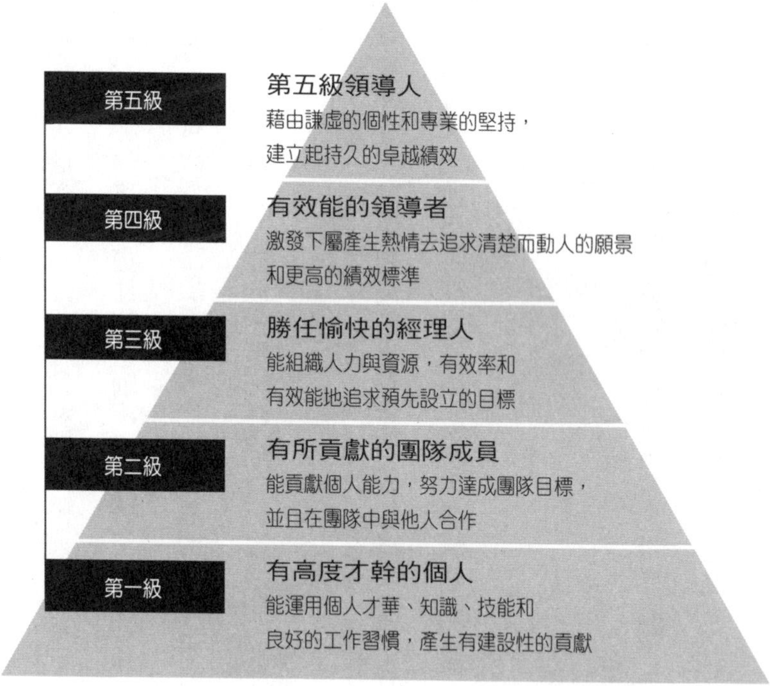
第五級
第五級領導人
藉由謙虛的個性和專業的堅持，
建立起持久的卓越績效
第四級
有效能的領導者
激發下屬產生熱情去追求清楚而動人的願景
和更高的績效標準
第三級
勝任愉快的經理人
能組織人力與資源，有效率和
有效能地追求預先設立的目標
第二級
有所貢獻的團隊成員
能貢獻個人能力，努力達成團隊目標，
並且在團隊中與他人合作
第一級
有高度才幹的個人
能運用個人才華、知識、技能和
良好的工作習慣，產生有建設性的貢獻

行政型和立法型領導的差別迄今仍停留在假設階段，有待更嚴謹的研究。如果透過研究證實的確有這樣的差別，情況將不會像「社會部門＝立法型」和「企業＝行政型」這麼簡單。比較可能的情況是：兩種領導形態有如在光譜兩端，最有效能的領導人將綜合行政型和立法型兩種領導才能。

無論在企業界或社會部門，未來最出類拔萃的領導人將不會是純粹的行政型或立法型領導人，他們將深諳箇中竅門，很清楚在運用主管權力時，何時該放，何時該收。

諷刺的是，今天社會部門的各種組織日益仿效企業界的領導模式，並向企業界求才，然而我猜想相較於企業界，今天在社會部門可能更容易找到眞正的領導人。

我爲什麼會這麼說呢？因爲，正如同伯恩斯（George MacGregor Burns）一九七八年在經典教科書《領導力》（*Leadership*）中的教誨：**領導和施展權力不一樣**。如果我把槍上了膛，對準你的腦門，我可以逼迫你去做你原本不想做的事情，但這樣做並不是領導，而是在施展霸道的權力。

唯有當人們明明有權拒絕服從，卻仍然願意追隨你時，這才是真正的領導。如果人們只不過因為別無選擇，而追隨你，那麼你就不是在領導。

今天的企業領導人面對的是不斷流動的知識工作者，此外，還要面對沙賓法案（Sarbanes-Oxley）❶，以及環保團體、消費者組織和激進的股東的壓力。

簡而言之，企業主管已經不像過去那樣大權在握。因此，第五級領導風格和立法型領導能力對下一代企業主管愈來愈重要，而他們可以從社會部門學到很多。

的確，**或許未來不再是社會部門向企業界取經，反而是企業界需要向社會部門求才，卓越的企業領導人將來很可能來自社會部門。**

❶美國在發生安隆公司和世界通訊公司等財務詐欺案件後，針對暴露出來的公司治理和證券監管問題，在二〇〇二年通過沙賓法案，法案中除了更嚴格監管會計業和企業行為，還加強財務報告的披露，並提高企業高階主管和白領犯罪的刑責。

議題三

先找對人——在層層束縛下找到適當人才

企業界開除員工比較容易，也可以用錢買到人才。
但社會部門不可能提供豐厚報酬，
甚至必須面對終身職人員或分文不取的志工，
因此，先找對人更加重要。

一九七六年，二十五歲的布理格斯（Roger Briggs）開始在科羅拉多州包德爾市郊的公立學校教物理。當他對日常教學工作駕輕就熟後，腦中不斷湧現一個想法，好像藏在鞋底的小石子般不斷提醒他：我們學校可以變得更好。

但是他又能怎麼樣呢？他既不是校長，也不是督學，更不是校董會的一員。布理格斯想繼續站在教育的第一線，和同事並肩作戰。於是布理格斯在當上科學部門主任後，決定將自己的小舞台變成追求卓越的迷你區塊。

「我不願只當個平凡的上班族，達到『優秀』境界就心滿意足。雖然我沒有辦法改變整個體制，但是我至少可以改革十四人的科學部門。」

於是，他開始做每個從優秀到卓越的領導人都會做的事：先找對人。

由於教師的薪資微薄，又缺乏足夠誘因，布理格斯網羅來擔任教職的人必須有一股控制不了的驅動力，非把經手的每件事都做到盡善盡美不可——他們這麼做不是因爲可以從中「獲得」什麼，而是純粹出於一種近乎神經質的衝動，迫切需要不斷改善。

由於教師工會對平庸的教師和卓越的教師提供相同的工作保障，布理格斯知道要請不適任的教師離開，是非常困難的事情，所以他把焦點放在「找對人」上。

他開始把新進教師任教的頭三年當作延長的觀察和評估期，原本學校對於任教滿三年取得終身職聘書的審核原則是：「對，除非你做了什麼荒唐透頂的事，否則應該可以拿到終身職聘書。」如今則變成：「不，除非你能證明自己是個傑出的教師，否則很可能拿不到終身職聘書。」

整件事的轉捩點，乃是從一位只算勉強夠格的老師面臨終身職審核關卡時開始。

布理格斯解釋：「他是個好老師，但還稱不上是卓越的老師。我只是覺得我們部門沒有辦法接受只是『還不錯』的老師。」布理格斯反對給他終身職保障，並且堅持立場。後來很快出現了一位非常傑出的年輕老師，科學部門決定聘請這位老師。

「如果我們給了原來那位老師終身職，我們只不過留住一位還不錯的老師，但我們現在卻找到一位卓越的老師。」布理格斯解釋。

當有紀律的文化逐漸形成後，不適任的老師發現自己好像被抗體包圍的病毒一樣格格不入，於是有些人自動求去。從一次又一次的聘請教師和審核終身職聘書的決定中，科學部門逐漸改變，終於形成了有紀律的文化。

布理格斯的故事凸顯了三個重點：

第一，同時也是最重要的是，**即使缺乏行政管理權，你也可以在組織中建立起自己的卓越特區**。如果布理格斯可以在公立學校體制的層層束縛中，領導他的部門從優秀躍升到卓越，那麼其他人幾乎在任何地方都辦得到。

其次，一開始應該把焦點放在「先找對人」的原則上——盡一切努力找對人上車，讓不適任的人下車，同時把對的人放在適當的位子上。雖然，受終身職保障的員工爲領導人帶來一大挑戰，志工和缺乏資源也是另外的挑戰，但事實仍然不變：首先**必須把對的人放在重要位子上**，

組織才有可能達到卓越。

第三，布理格斯**善用並嚴格實施及早評估的機制**，而達到這樣的成就。

在社會部門中，要請不適任的人離開可能比在企業難得多，因此早期評估機制要比雇用機制更重要。

世上沒有完美的面談技巧，也沒有理想的雇用方式，即使是最優秀的主管都可能用錯人。唯有在共事後，才能確定是否真的用對了人。

在企業界，主管要開除員工比較容易，也可以用錢買到人才。另一方面，大多數社會組織的領導人卻必須仰賴領低薪的人才（相較於在企業界上班）或根本分文未取的志工來完成工作。

然而我們的研究發現，**重要的不在於薪資多寡，而在於你用的是什麼樣的人。**

「從優秀到卓越」的研究中，對照公司——也就是沒能達到卓越的公司——更注重以各種誘因來「激勵」士氣低落或缺乏紀律的員工。相反的，卓越公司往往把焦點放在找對人、並留住人才上面——也就是那些自動自發、展現自我紀律、每天一早醒來就忍不住要把每件事做到最好的人，因爲這早已是他們DNA的一部分。

由於社會部門不可能提供豐厚的報酬（或就志工的情況而言，根本沒有任何酬勞），先找對人的原則變得更重要。缺乏資源不能當作馬馬虎虎的藉口——精挑細選、汰蕪存菁反而變得更重要。

一九八八年春天，柯普（Wendy Kopp）從普林斯頓大學畢業時有個美好的構想：何不說服頂尖大學的畢業生在剛踏出校門的頭兩年到公立學校教導中低收入家庭的孩童？然而，柯普既沒有錢，也沒有辦公室，既缺乏各種基本設施，更沒有名氣和公信力。她沒有任何傢具，甚至連一張床或掛衣服的櫃子都沒有。她在《有朝一日，所有的孩子……》（*One Day, All Children……*）一書中，描寫自己如何在大學畢業後，搬到紐約市一個小房間裡，把睡袋放下，把原先裝在三個垃圾袋中的牛仔褲和襯衫拿出來，堆疊在地板上，就這樣安然度日。

但是，最後柯普竟能成功說服莫比爾公司（Mobil Corporation）捐助二萬六千美元作爲種子基金，發起了「爲美國而教」（Teach for America）的活動。接下來的三百六十五天，她好像變戲法般以承諾會設法募款爲由，說服許多頂尖人才加入教書的行列；同時又以許多頂尖人才答應參與活動爲由，說服捐款人支持這項活動。

一年後，五百名耶魯、哈佛、密西根等頂尖大學畢業生聚集在柯普面前，準備受訓後到教育資源貧乏的公立學校任教。

爲什麼沒錢又沒權的柯普能說服這些畢業生領取微薄薪資，在艱難的環境中任教？

她首先激發這些年輕畢業生理想主義的熱情，然後在徵才時精挑細選。「基本上，她對所有優等生說：『如果你眞的很優秀的話，或許能加入我們的行列。』」「城市年」組織（City Year）❷的布朗（Michael Brown）激賞地表示，「『但是你首先必需接受嚴格的篩選和評估，你應該有遭到淘汰的心理準備，因爲必須擁有特殊才能，才能在這樣的教學環境中表現出色。』」

由於選才嚴格，柯普贏得捐款人的信任，因此捐款逐漸增加；捐款增加以後，又更能吸引和挑選優秀年輕人加入。單單二〇〇五年，就有九萬七千多位大學畢業生申請加入「爲美國而教」（沒錯，九萬七千人）的計畫，其中只有一萬四千一百人如願以償，而年度捐助則成長爲近四千萬美元。

柯普了解三個根本原則：

第一，**篩選過程愈嚴格，教職就變得愈有吸引力**——即使待遇微薄或當志工都無所謂。

第二，**社會部門有一個重大的優勢：渴望追求生命的意義**。單純的使命，無論是關於教育年輕人、傳播上帝福音、維護城市的安全、打動人心的偉大藝術、餵飽饑民、服務窮人或維護自由，都有激發人們熱情和奉獻的力量。

第三，卓越的社會組織最重要的資源是擁有充裕且適當的人才，而

❷「城市年」為哈佛大學法學院畢業生於一九八八年在波士頓發起的民間組織。工作內容包括協助公立學校或托兒所教師，服務老人用膳進食，主持資源回收活動等，被視為美國青年服務方案的典範。

且他們都願意爲使命奉獻自我。**適當的人才往往能吸引資金投入，但單靠金錢永遠無法吸引到適當的人才。**金錢是商品，人才則不是。**時間和人才通常能彌補金錢的不足，但金錢絕對無法彌補人才的匱乏。**

議題四

刺蝟原則——

從「經濟引擎」轉變為「資源引擎」

對社會部門而言，關鍵問題不再是：「我們能賺多少錢？」
而是：「我們如何發展出永續的資源引擎，
以展現符合使命的卓越績效？」

「從優秀到卓越」的重點在於刺蝟原則，而刺蝟原則的精髓在於明確釐清達到最佳長期績效的原則，然後對於不符合刺蝟原則的機會堅持紀律，勇於說「不」。

當我們檢視從優秀到卓越公司的刺蝟原則時，我們發現他們對於三個相互交錯的圓圈都有透徹的了解：

一、你們對什麼事業懷抱高度熱情？

二、你們在哪些方面能達到世界頂尖水準？

三、你們的經濟引擎主要靠什麼來驅動？

雖然許多社會部門的領導人認為刺蝟原則很有用，卻對第三個圓圈——經濟引擎，深深不以為然。我對此深感困惑。當然，社會部門不以賺錢爲目的，卻仍然需要靠經濟引擎來完成使命。

後來我和摩根牧師（John Morgan）聊了一下，他有三十年的佈道經驗，當時在賓州里汀的一所教會擔任牧師。

摩根說：「我們的會眾都是社會邊緣人。我發現刺蝟原則對我們的工作有很大的幫助。我們有很大的熱情，想要改造社區，同時我們可以爲附近區域培植一批能反映社區多元文化和推動社區改造的領導人才，而且在這方面做得比別人好，這就是我們的刺蝟原則。」

「那麼你們的經濟引擎是什麼呢？」我好奇地提問。

「喔，我們得改變那個圓圈，」他說，「那個圓圈對教會來說沒什麼意義。」

「怎麼可能沒有意義？」我進一步逼問，「難道你們不需要找錢來做事嗎？」

「這個嘛，會出現兩個問題。第一，在宗教場合中談錢，不符合我們的文化，因爲教會傳統上認爲喜好金錢是萬惡的根源。」

「但是必須有錢，才能付清電費和電話帳單啊！」我說。

「沒錯，」摩根說，「但是千萬不要忘記，有些教會對於公開討論金錢，還是會感到非常不自在。第二，經營教會需要仰賴的資源不只是金錢而已，重要的是我們如何獲得各種充足的資源——不只要有錢付清帳單而已，還包括時間、情感上的投入，願意伸出援手，奉獻愛心和腦力。」

摩根點出了企業和社會部門的根本差異。因此對社會部門而言，刺蝟原則的第三個圓圈必須從經濟引擎轉變為資源引擎，關鍵問題不再是：「我們能賺多少錢？」而是：「我們如何發展出永續的資源引擎，以展現符合使命的卓越績效？」

在檢視各種不同的社會組織時，我發現資源引擎有三個基本要素：時間、金錢和品牌。

「時間」是指能吸引多少志工義務奉獻心力，或以低於行情的薪資標準來奉獻他們的才能（先找對人！）；**「金錢」是指能保持充分的現**

金流量；「品牌」是指你們的組織能激發支持者多深的好感，在他們心目中占有多高的地位，有多高的「心靈占有率」（見七十七頁，圖表5「社會部門的刺蝟原則」）。

在《從A到A⁺》中，我們提出了「經濟指標」的概念。如果你只能挑選一個能長期有系統地日益成長的比率——每X的平均獲利，X應該代表什麼，才會對你的經濟引擎產生最大的影響？這個經濟比率和所有企業的經濟核心（利潤機制，換句話說，就是投資報酬率）緊密相關。

社會部門卻無法借用同樣的概念。首先，正如同布理吉斯班集團（Bridgespan Group）的提爾尼（Tom Tierney）所說，社會部門並沒有一個理性的資本市場，能夠將資源分配給績效最佳的組織。

圖表 5. 社會部門的刺蝟原則

圓圈 1：熱情——
了解組織的信念（核心價值觀）和存在原因（使命或核心目的）

圓圈 2：最擅長什麼——
了解你的組織對於週遭的人能有什麼獨一無二的貢獻，
而且在這方面能表現得比世上任何組織都卓越。

圓圈 3：資源引擎——
了解什麼最能驅動你的資源引擎，把它區分為三個部分：
時間、金錢和品牌。

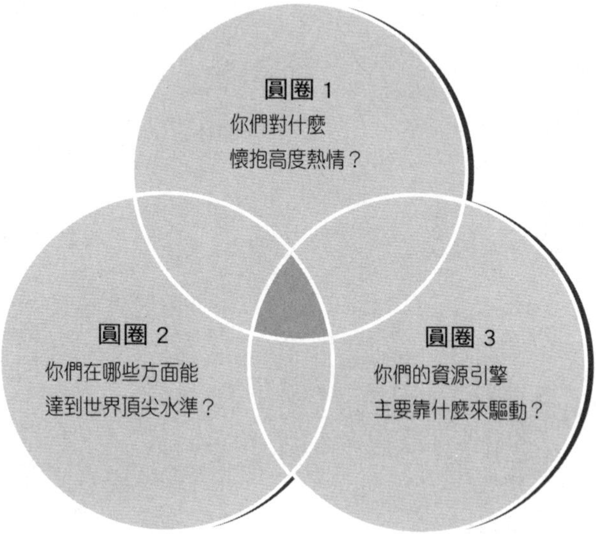

此外，也沒有任何類似於「每X平均獲利」的經濟指標能適用於社會部門的各種組織。社會部門的整體目的乃是達成社會目標、滿足人類需求和國家優先順序，無法靠獲利多寡來衡量績效。

我們檢視跨越不同領域的四十四個非營利組織，分析他們的經濟要素。研究小組的連恩（Michael Lane）檢視了這些組織的預算書、年報、財務報告、報稅單，核對他們的資金來源、支出項目、限制用途與未限制用途的資產和主管薪酬。雖然我們分析的範圍有限，野心也不大，但分析結果仍令我們獲益良多。

如果你把社會部門的各種組織排列於矩陣中，其中一個軸代表慈善捐款和私人贊助，另外一個軸則代表營收（服務費、合約、產品收入等），結果我們發現社會組織廣泛分布在四個象限中（見八十頁，圖表

6「社會部門的經濟引擎：四個象限」以及八十一頁的補充說明）。即使同性質的機構也可能落入不同的經濟象限。

舉例來說，女童軍會的主要現金流量來自於「女童軍餅乾」（Girl Scout Cookies®）的銷售所得，幾乎完全沒有接受任何政府補助；反之，「美國男孩女孩俱樂部」（Boys & Girls Clubs of America）則有一半以上的收入來自於政府補助。

此外，落在不同經濟象限的組織都各自需要不同的組織能耐。仰賴政府資助的組織必須具備高明的政治手腕，並能設法得到大眾支持。舉例來說，「美國航空與太空總署」（NASA）必須說服國會他們有資格獲得與《財星》五百大頂尖企業不相上下的年度預算。

另一方面，仰賴慈善捐款的組織則必須發展出良好的募款機制，並

圖表6．社會部門的經濟引擎：四個象限

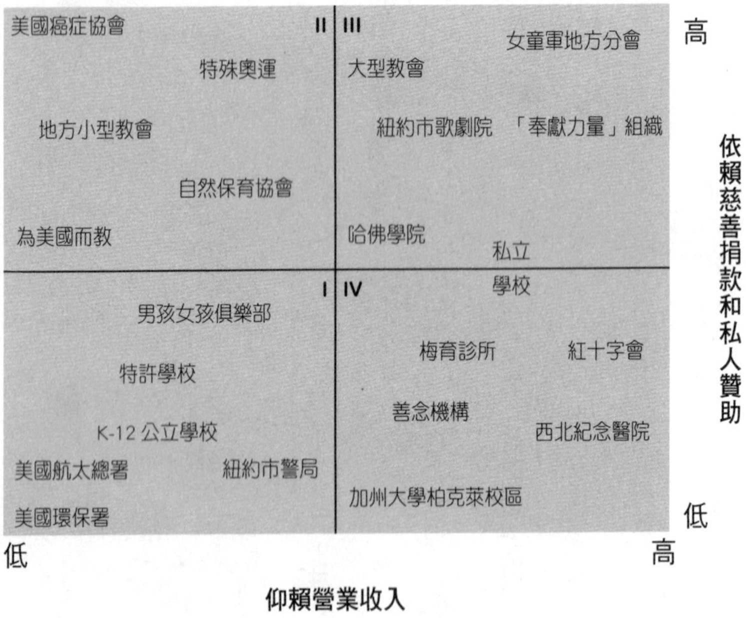
美國癌症協會
II
III
女童軍地方分會
高
特殊奧運
大型教會
紐約市歌劇院
「奉獻力量」組織
地方小型教會
依賴慈善捐款和私人贊助
自然保育協會
為美國而教
哈佛學院
私立學校
I
IV
男孩女孩俱樂部
梅育診所
紅十字會
特許學校
善念機構
西北紀念醫院
K-12 公立學校
美國航太總署
紐約市警局
加州大學柏克萊校區
美國環保署
低
低
高
仰賴營業收入

象限 I：仰賴政府補助

例如美國航太總署、海軍陸戰隊、K-12 公立學校、特許學校、警察局和其他受政府補助的機構都歸屬此象限。此象限也包括仰賴政府補助來彌補其他收入來源的非營利機構，例如男孩女孩俱樂部。這個象限的資源引擎高度仰賴高超的政治手腕和社會大眾的持續支持。

象限 II：高度仰賴私人慈善捐款

許多目標導向的非營利機構都歸屬此象限——例如美國癌症協會、特殊奧會、仁人家園（Habitat for Humanity）——以及許多宗教組織、社區基金會和地方慈善機構。這個象限的資源引擎強烈依賴個人的人脈和卓越的募款能力。

象限 III：收入來源綜合慈善捐款和營業收入

從事表演藝術的組織大都屬於此象限，此外還有一些組織則在資源引擎中加入獨特的收入來源，例如女童軍地方分會的餅乾生意，以及「奉獻力量」機構（Share Our Strength）由企業贊助的營業活動。歸屬這個象限的組織需要有精明的商業頭腦和募款技巧。

象限 IV：強烈依賴營業收入的組織

這些組織主要透過產品、服務、學費、合約等收入獲得營運基金。許多非營利性醫院和高等教育機構都屬於此象限，例如紅十字會二百億美元的生醫服務事業（主要是血液產品）和善念機構（Goodwill Industries）的二手貨平價商店。此象限的資源引擎和營利事業非常相像。

與捐款人建立情感聯繫——例如提出「協助抗癌，爲善最樂」等類似概念。像醫院這類高度仰賴營業收入的組織，經濟動能則比較類似企業。

不過，**正因為不同的社會組織各有不同的經濟結構，益發凸顯刺蝟原則的重要性**——由於社會組織的經濟結構天生就很複雜，因此需要比一般企業看得更透徹、更清楚。一開始先基於熱情而投入，然後就必須嚴謹評估怎麼做才能對你所服務的社群做出最大的貢獻，接著再設法讓資源引擎和另外兩個圓圈緊密相連。

刺蝟原則的關鍵步驟是決定要如何連結三個圓圈，圓圈才能互相強化，達到最佳效益。你必須回答下面的問題：「專注於我們最拿手的事情如何和我們的資源引擎產生最好的連結？如何讓我們的資源引擎直接貢獻於我們最拿手的事情上？」而且你一定要答對。

當布斯卡瑞諾（Drew Buscareno）接任印第安那州南灣市遊民中心主任一職時，他和他的團隊發展出獨特的刺蝟原則。

他們認爲，如果能激勵遊民接受考驗，爲自己的生活負起責任，那麼南灣遊民中心將能打破遊民流浪街頭的惡性循環，成爲能在這方面提供遊民最大幫助的組織。但他們很快就明白了一件事：如果遊民中心的資源引擎主要仰賴政府補助，將會違背這個刺蝟原則。

「遊民之所以變得無家可歸是因爲他們和自己、和家庭、和社區都完全斷絕了聯繫。」布斯卡瑞諾解釋。「洞悉這點影響了我們所做的每一件事。於是，我們把組織的工作重心放在加強每個人（不管是遊民、捐助者、志工或遊民中心人員）和自我、和家庭、以及和社區的關係。在這樣的思考模式下，積極申請政府補助變得毫無意義，但積極讓志工及捐款人與遊民之間建立更緊密的關係，卻很有意義。」

遊民之家重新設定經濟引擎，把重心放在每年持續捐款五千到一萬美元、並且認同中心使命的捐款人身上。二〇〇四年，遊民中心的資源引擎只有不到一成來自政府補助，不是因爲他們爭取不到經費，而是因爲依賴政府補助將不符合遊民之家刺蝟原則的另外兩個圓圈。

彼得・杜拉克（Peter Drucker, 1909-2005）曾諄諄教誨：**做好事的基礎在於把事情做好**。我想再補充一句，**把事情做好的基礎在於恪遵刺蝟原則**。

有句諺語說得好：「沒有現金，就無法達成使命。」但這句話只對了一半。**卓越的社會組織必須有充分的紀律，能開口拒絕會讓組織偏離三個圓圈交集的資源**。

如果組織能有紀律地吸引資源和分配資源，將資源完全投注於符合刺蝟原則的工作上，同時勇於拒絕會讓組織偏離三個圓圈交集的資源，那麼這個組織將能對世界提供更卓越的服務。

議題五

轉動飛輪——

藉著建立品牌來累積動能

在社會部門，推動飛輪前進的主要關鍵乃在於品牌聲譽。

因此，潛在支持者不只認同你們的使命，

同時也相信你們有能力達成使命。

我們的研究顯示，在建立卓越組織的時候，不能仰賴任何單一的決定性行動、偉大計劃或殺手級創新，也無法單憑僥倖或奇蹟，而必須無休無止地推動巨大笨重的飛輪前進。你非常努力地推動這個組織的飛輪，經過日積月累，不斷努力，幾乎看不到任何進展，最後才終於將飛輪往前推進一寸。

接下來，你繼續推，持續不斷地努力，終於讓飛輪轉動了一圈。你沒有停下來，繼續努力推，將飛輪持續往同一個方向推，飛輪轉動的速度加快了。

你繼續推，飛輪轉動了兩圈……然後四圈……八圈……飛輪逐漸累積動能……然後十六圈……繼續推……三十二圈……動能更強了……一百圈……飛輪每一圈都轉得更快……一千圈……一萬圈……十萬圈。

然後，在某個時點，開始有所突破！飛輪每一圈的轉動都得力於前面的努力所累積的成果，你投入的力量發揮了愈來愈大的功效。飛輪開始以不可遏止的速度突飛猛進。建立卓越組織的過程也是如此。

藉著專注於刺蝟原則，你開始累積成果，並且利用這些成果所吸引的資源和人力來建立強大的組織。

強大的組織達成更好的成果，於是吸引了更多的資源投入和人力奉獻，於是組織的力量更加強大，也能達成更好的成果。每個人都渴望能熱情參與，全力以赴。

當他們開始看到有形的成果，比如感覺到飛輪開始加快速度的時候，絕大多數的人都願意比肩齊步，一起努力推動飛輪前進。

這就是飛輪的力量。成功吸引了更多的支持和奉獻，於是又造就更大的成功，接著又帶來更多的支持和奉獻。飛輪就這樣一圈圈轉動推進。大家都喜歡支持贏家！

飛輪觀念在企業界發揮了絕佳效應，只要你能創造出極其優異的財務績效，整個世界都會大排長龍等著投資。相反的，在社會部門，非凡的成果和持續獲得資源之間，卻沒有必然的關係。事實上，還可能恰好相反。

米勒（Clara Miller）女士在二〇〇三年發表於《非營利季刊》（*Nonprofit Quarterly*）春季號的出色文章〈顯而不易見〉（Hidden in

Plain Sight）中表示，非營利機構的捐款人偏好贊助個別計劃，而不是支持卓越的組織，因爲捐款人通常會認爲：「如果你們還有盈餘，我爲什麼要撥款補助你們呢？」因此小型非營利組織如果想從獲得計劃型贊助轉變爲爭取持續性、無限制的贊助時，往往深陷財務泥沼，甚至一敗塗地。

令我深感困惑的是，爲什麼許多人心知肚明應該投資於正確領導人所經營的公司，卻沒有辦法把同樣的邏輯運用在社會部門。

與自由市場模式的「公平價格交易」（fair-price exchange）不同，社會部門的資助者假設了另外一種「公平交易」（fair exchange）的情況，他們認爲：由於資助的錢是贈與（或公家補助款），而非公平價格交易，所以我們給你錢，就有權告訴你應該如何運用這筆錢。但實際上根本行不通。

換句話說，一般人針對社會部門的捐贈或補助通常都偏好「報時」——把焦點放在特定計畫或有條件的捐贈，往往著眼於魅力型領導人偉大的構想。但是卓越的組織必須轉換到「造鐘」的心態——打造一個能永續經營的強大組織，能超越任何計畫構想或領導人而持續蓬勃發展。❸

有條件的捐贈忽略了一個根本重點：如果想對社會產生最大的影響，就必須先建立起偉大的組織，而不是單靠一個偉大的計畫，就可以畢竟其功。

如果非營利機構有明確的刺蝟原則，同時組織又能有紀律地展現非凡的績效，**支持者最大的貢獻就是提供充分的資源，讓非營利機構的領**

導人能依他們所知的最佳方式來完成工作。不要干預，讓他們好好造鐘！

不過雖然企業和社會部門在經濟層面上有很大的差異，要領導非營利機構從優秀躍升到卓越，仍然必須善用飛輪效應。

在企業界，推動飛輪前進的主要力量是財務上的成功和資本資源之間的連結，但我認為在社會部門，關鍵乃在於品牌聲譽——以具體成果

❸在《基業長青》一書中，作者柯林斯發現，高瞻遠矚的長青企業有一個共同特色：創建者多半是「造鐘」的人，而不是「報時」的人。他們有如建築師般，把心力奉獻於建立能永續發展的組織（「造鐘」）；而非只是仰賴深具魅力的領導人來推動偉大的構想或計畫（「報時」）。高瞻遠矚的領導人最偉大的創造物乃是公司本身，以及公司所代表的意義。

和共通的情感為基礎——因此潛在支持者不只認同你們組織的使命，同時也相信你們有能力達成使命。

哈佛大學真的能比其他大學提供更優質的教育，產生更卓越的學術成果嗎？也許吧。但在募款的時候，對哈佛的情感投射已經足以克服任何疑慮。雖然哈佛大學的捐贈基金已經超過二百億美元，每年的捐款仍然源源不絕地流入。正如一位哈佛校友所說：「我每年都捐錢給哈佛，有時候我覺得自己好像在把沙子倒在海灘上一樣。」

紅十字會在救災工作上真的表現得最好嗎？也許吧。但是每當這個世界上某個地方發生災難的時候，人們思考：「該如何伸出援手？」的問題時，紅十字會的品牌聲譽總是提供了簡單的解答。

圖表 7. 社會部門的飛輪

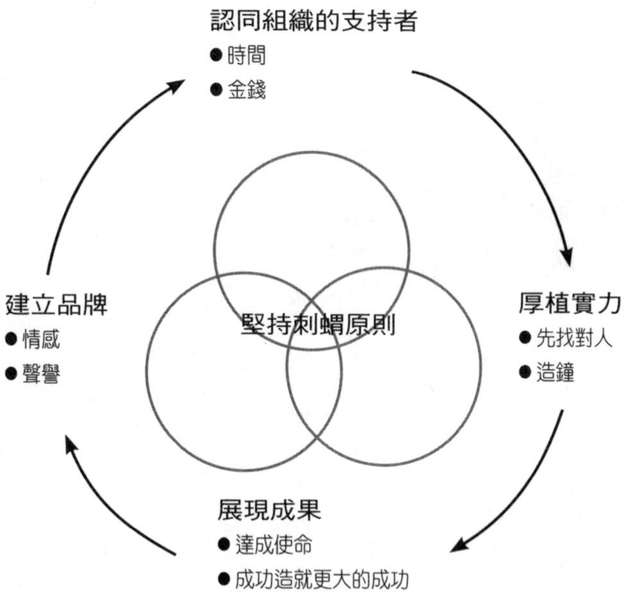
認同組織的支持者
● 時間
● 金錢
厚植實力
● 先找對人
● 造鐘
展現成果
● 達成使命
● 成功造就更大的成功
建立品牌
● 情感
● 聲譽
堅持刺蝟原則

美國癌症協會是抗癌的最佳機構嗎？或者，自然保育協會（Nature Conservancy）眞的提供了最有效的環境保護方式嗎？也許吧。但主要還是因爲他們的品牌聲譽讓人們輕鬆找到了一種有效的方式，來支持自己所關心的主張。

對於政府補助的機構，情形也是如此。紐約市警察局有自己的品牌，美國海軍陸戰隊有自己的品牌，美國航空與太空總署也有自己的品牌。任何人如果想削減這些機構的預算，都必須和他們的品牌聲譽相抗衡。

在未來的研究中，我們希望能進一步測試、並更深入了解品牌聲譽在社會組織所扮演的角色。相關議題我推薦各位同時閱讀艾卡（David Aaker）的經典著作《管理品牌價値》（*Managing Brand Equity*）。但無論研究結果如何，我認爲飛輪效應仍然不會改變。

是否真正卓越的關鍵乃在於能否一以貫之——持續不斷地努力、堅持刺蝟原則、所作所為始終符合核心價值，而且歷經多年始終如一。

持久不墜的卓越機構都能貫徹**「保存核心和刺激進步」**的原則，將（恆久不變的）核心價值和根本目的與（要隨時適應外在環境變動的）營運措施、文化模式和商業策略區分開來。要始終忠於組織的核心價值，專注於刺蝟原則，**最重要的是，不但要明確釐清該做什麼事情，也必須釐清不該做的事情。**

社會部門領導人總是以自己在為世界「行善」而深感自豪，但要把善事做到最好，就必須專注於只做符合刺蝟原則的善事，能抵抗偏離方向的壓力，同時有嚴格的紀律，停止做不符合刺蝟原則的事。

二〇〇一年九月十一日星期二，克里夫蘭交響樂團正在緊鑼密鼓地排練馬勒的第五號交響曲，爲星期四晚上的音樂會預作演練。隨著恐怖攻擊的嚴重程度愈來愈明顯，樂團團員紛紛放下樂器，停止排練。

行政總監莫里斯和音樂總監杜南伊開始討論星期四的音樂會該怎麼辦。他們可以取消音樂會，在那個星期內，幾乎美國所有公眾活動都取消了；他們也可以照常舉行音樂會。但如果音樂會照常舉行的話，應該演奏什麼樂曲呢？莫里斯早已感覺到週遭醞釀著一股愈來愈大的壓力，希望他放棄古典曲目，改爲整晚都演奏全部由美國作曲家創作的樂曲以安撫美國人的心靈。

莫里斯和杜南伊的結論是，或許在這個關鍵時刻，反而比歷史上任何時刻都更需要交響樂團做自己最拿手的事情：演奏人類創作中最震撼人心的交響樂。

於是他們決定仍照原定計劃，演奏創作靈感來自於死亡、愛與重生等強烈情感的馬勒第五號交響曲。

馬勒第五號交響曲一開始先單獨由小喇叭吹奏出淒涼的葬禮進行曲，然後所有樂器如狂風驟雨般齊鳴，演奏出震撼人心的巨響。六十五分鐘後，整個交響曲在歡慶重生、洗滌人心的樂音中結束。彷彿馬勒不是在一百年前創作這首樂曲，而是在九一一恐怖攻擊之後寫成的，目的就是希望能撫慰遭到重創的美國心靈。

九月十三日晚上，賽佛倫斯音樂廳座無虛席，每位觀眾手中都拿到一張紙片，上面只寫了短短一句話：「今晚音樂會開始前將先進行短暫默哀。」

八點整，相貌堂堂、滿頭銀髮的杜南伊站上舞台，他身穿傳統的黑色燕尾服，轉身面向觀眾，開始默哀。只是默哀的時間並不短暫，杜南伊默哀了一分鐘，或許兩分鐘。

直到再多默哀五秒鐘都嫌太長時，他抬起頭來，轉身面向樂團，靜待所有團員在位子上坐好，再舉起指揮棒，停頓一下，然後抖動手腕，以馬勒第五號交響曲開場的喇叭齊奏打破寂靜。

莫里斯事後回想：「在那個特殊時刻，我們能爲社會提供的最佳服務，莫過於堅持做自己最拿手的事情，堅持核心價值，絕不妥協地追求卓越的藝術表現，演奏偉大的音樂。」

無論是否曾有捐款人希望在音樂會中來一場激勵人心的齊唱，或有人認爲根本應該取消這場音樂會；或是否有人因此在下一年就不再捐錢給樂團，或照常演奏可能會招致媒體批評，全都無關緊要。重要的是，克里夫蘭交響樂團忠於自己的核心價值和刺蝟原則，爲市民提供了世界上其他組織都比不上的服務。

打造自己的卓越特區

每個組織都有其獨特的限制和束縛，

然而，有的組織仍然能躍升到卓越的境界。

卓越不是單靠時勢造英雄，

卓越其實是有意識的選擇和展現紀律的結果。

你知不知道，從一九七二年到二〇〇二年，在美國所有上市公司中，投資哪一家公司的報酬率最高？

答案不是奇異公司，不是英特爾，甚至也不是沃爾瑪。那麼，究竟是哪一家公司脫穎而出，勇奪第一？根據美國《錢雜誌》（*Money Magazine*）三十年分析，冠軍是西南航空公司（Southwest Airlines）。

暫且花一分鐘的時間想想看，在這三十年中，簡直難以想像還有哪個行業會像航空業那麼悽慘：他們碰到了石油危機、自由化的衝擊、激烈的競爭、勞資衝突、九一一事件，還要加上龐大的固定成本和航空公司一家家破產的噩耗。

然而根據《錢雜誌》計算，如果在一九七二年投資西南航空一萬美元，到二〇〇二年得到的報酬將超過一千萬美元。但是在同一時期，聯合航空（United Airlines）宣告破產，美國航空（American Airlines）也搖搖欲墜，航空業仍舊是營運績效最差的產業之一。

不只如此，和西南航空營運模式相同的公司都慘遭淘汰出局。航空公司主管面臨公司經營不善時，總愛怪罪產業環境不佳，卻沒有想到三十年來，美國投資報酬率最佳的公司就是他們的同行。

再想想這個問題：如果西南航空的人說：「嘿，除非有辦法去除航空業種種制度上的束縛，否則我們完全無計可施。」又會是什麼情況呢？

我曾經爲社會團體辦過許多次研討會，我碰到很有趣的情況：許多人總是擺脫不開制度的束縛。有一次在非營利醫療機構領導人的集會上，我天眞地問道：「如果要建立一家卓越的醫院，需要什麼樣的條件？」

「健保制度已經破產了，需要修改健保制度。」其中一個人說。「付錢的人（保戶、政府、企業）並不是消費者，結果就產生了一個根本問題。」另一個人說，「每個人都認爲有權得到世界一流的醫療照顧，但卻沒有人願意付錢，而且有四千萬人完全沒有任何醫療保險。」他們拋出一連串受到制度限制的說法：「醫生彼此之間既是競爭者，又是合作夥伴。」「害怕醫療訴訟。」「改革健保制度的陰影。」

於是，我讓他們進行小組討論，每一組至少都要提出一家努力躍升到卓越境界，而且持續保持卓越的醫療機構作爲例子。各小組都認眞討論，而且大多數都至少提出了一個實際案例。

接下來我說：「現在再回到你們的小組中，針對每一個正面範例，設法找出一家情況類似（無論從地理位置、人口結構或規模等角度衡量），卻無法突破困境，躍升到卓越的組織。」於是他們各自回去討論，大多數的小組都提出名單。

「那麼，」我問，「你們要怎麼解釋這種情況呢？爲什麼有的醫療機構有辦法突破，其他處境類似、也在同樣制度下運作的醫院卻沒辦法掙脫束縛？」

如果中學科學部的布里格斯、克里夫蘭交響樂團的莫里斯、紐約市警局的布瑞頓、「爲美國而教」的柯普或女童軍會的海瑟貝恩全都放棄希望，束手無策，等著別人來改正制度，結果會變得如何？

也許要花數十年的時間才有辦法改變整個體制，而等到那時，你可能早已退休或作古了。在此同時，你現在要怎麼辦呢？

「史托克戴爾弔詭」在這個時候就可以派上用場了：**你必須抱持信心，相信終將達到卓越境界，同時保持紀律，勇敢面對殘酷的現實。**（關於史托克戴爾的故事和意義，請參閱《從A到A^+》第四章。）

那麼，儘管面對週遭的殘酷現實，你該怎麼做，才能打造自己的卓越特區呢？

圖表 8.　卓越特區

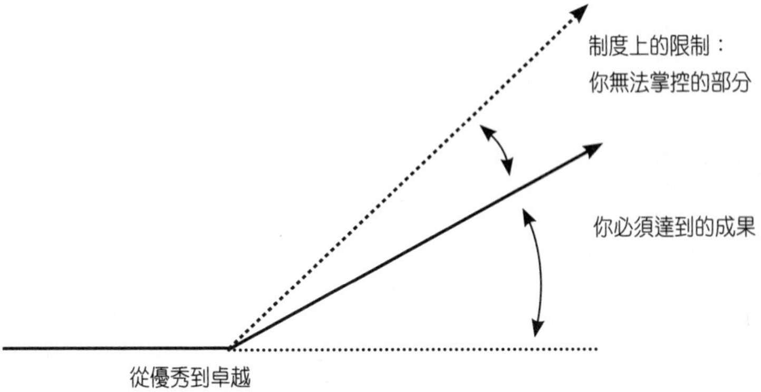
制度上的限制：
你無法掌控的部分
你必須達到的成果
從優秀到卓越

我在本書後面的附錄一和附錄二借助「從優秀到卓越」的架構，整理了企業和社會部門的差異。無論企業或社會部門的領導人都會面臨許多困難和限制，但經過加加減減之後，到最後許多相對優勢和弱點多少都相互抵消掉了。

卓越的企業和卓越的社會部門之間的共通點遠比卓越企業和平庸企業多得多。反之亦然。我要在此重申，重要的不是企業和社會部門的差異，而是卓越和優秀之別。

我無意對社會部門所需面對的體制束縛完全視若無睹。這些因素都很重要，也需要正視。不過事實依然是，**幾乎在每一個艱困的環境中，都可以找到特殊的卓越範例——無論是航空業、教育、醫療保健、社會創新事業或政府補助的機構都一樣。**

每個機構都有其獨特的非理性限制和難以克服的束縛，然而有的機構仍然能躍升為卓越的組織，其他面對同樣環境挑戰的機構卻辦不到。或許這才是所有從優秀躍升到卓越的組織最重要的特點。

卓越不是單靠時勢造英雄，卓越其實是有意識的選擇和展現紀律的結果！

附錄

「從優秀到卓越」的架構

一、檢視企業與社會部門的差異

二、觀念整理

卓越的企業和卓越的社會部門之間的共通點
遠比卓越企業和平庸企業多得多。反之亦然。
重要的不是企業和社會部門的差異，
而是卓越和優秀之別。

● 附錄一

透過「從優秀到卓越」的架構，檢視企業與社會部門的差異

企業部門	社會部門
一、「卓越」的定義和衡量指標	
有共同的財務績效標準。金錢既是投入（獲致成功的手段），也是產出（成功的衡量指標）。	沒有那麼多普遍取得共識的績效指標。金錢只是投入，而非產出。主要藉由達成使命的績效（而非財務報酬）來定義成功。
二、第五級領導人	
治理架構和層級相對明確。管理權集中而清楚。常常會以施	治理架構比較複雜而模糊。管理權分散，也比較不清楚。比

展權力來取代發揮領導力。

較容易見到真正的領導者（如果將「真正的領導」定義為當別人有權拒絕領導、卻仍自願追隨時）。

三、先找對人——找對人上車

除了金錢誘因外，比較難有其他誘因來激發員工理想主義的熱情，並且將創造力完全投入於工作。通常都以具體資源來吸引和留住人才。但比較容易以績效不佳為由，請不適任者離開。

一大優勢為：組織成員多半追求崇高的目標和金錢以外的意義，比較容易激發理想主義的熱情，不過往往缺乏資源來網羅人才和留住人才。要請不適任者離開時，終身職制度和仰賴志工的工作形態可能使問題變得複雜許多。

	企業部門	社會部門
四、面對殘酷的現實，遵從史托克戴爾弔詭	競爭激烈的市場壓力迫使失敗的企業面對殘酷的現實，但仍對資本主義制度抱持堅定的信念，相信表現最佳的企業終將贏得最後勝利。	通常瀰漫著一種「心存善念」的文化，不能坦誠面對殘酷現實。制度的束縛可能削減了終能堅持到最後的信心——「在改革制度之前，我們不可能變得卓越。」
五、刺蝟原則——找出你自己的三個圓圈	經濟引擎直接連結到獲利機制；只需要推出有利可圖的商品即可。	存在的目的是為了滿足社會需求和人類需求，無法依據獲利多寡來衡量其價值。刺蝟原則

所有企業的基本經濟引擎都相同：和獲利率關係緊密的投資報酬率——每X的獲利。	的第三個圓圈從經濟引擎轉變為由時間、金錢和品牌構成的資源引擎。不同組織有不同的經濟驅動力，沒有共通的經濟指標。
六、強調紀律的文化	
透過獲利機制，企業比較容易對不符合刺蝟原則的做法踩煞車。但成長的壓力、主管的貪婪、以及短期財務壓力都可能促使企業展現缺乏紀律的行為。	對「做善事」的渴望，以及捐助者的私慾，都可能導致缺乏紀律的行為。不過由於比較沒有「為成長而成長」的壓力，而且基本上主管也較不貪心，因此比較不會展現缺乏紀律的行為。

企業部門	社會部門
七、飛輪，而非命運環路	
有效率的資本市場與企業獲利機制緊密相關。良好的經營績效會吸引更多資金投入，因此又產生更高的績效，於是創造出更多資源，又產生更高績效……飛輪就這樣週而復始地不斷轉動。	缺乏高效率的資本市場，因此無法系統地將資源導向展現最佳績效的組織。即使如此，能夠成功展現績效並建立品牌的組織依然可以善用飛輪效應。大家都喜歡支持贏家。
八、造鐘，而非報時	
由於經濟引擎以獲利為導向，因此可以建立起永續經營的企	資源捐助通常都偏好「報時」

	業，不受領導人更迭或資金來源變動所影響。	——針對特定計劃或魅力型領導人而捐助；而不是建立能永續發展的組織。
九、保存核心／刺激進步	競爭壓力刺激變革和進步，然而也較難保存核心價值。能夠以容易衡量的經濟指標來評估成敗和刺激進步。	對使命所懷抱的熱情及核心價值是一大優勢，但也可能因此較難打破傳統做法。比較缺乏容易衡量的指標來評估成敗和刺激進步。

附錄二

「從優秀到卓越」的架構——觀念整理

我們的研究顯示，建立卓越的組織要經過四個基本階段，透過挑選有紀律的員工，全部成員都能確實進行有紀律的思考，然後採取有紀律的行動，最後就能達到基業長青的永續發展境界。其中階段一～三中的原則乃源自於《從A到A+》的研究，階段四的原則源自於《基業長青》一書的研究。

圖表9. 卓越架構的飛輪

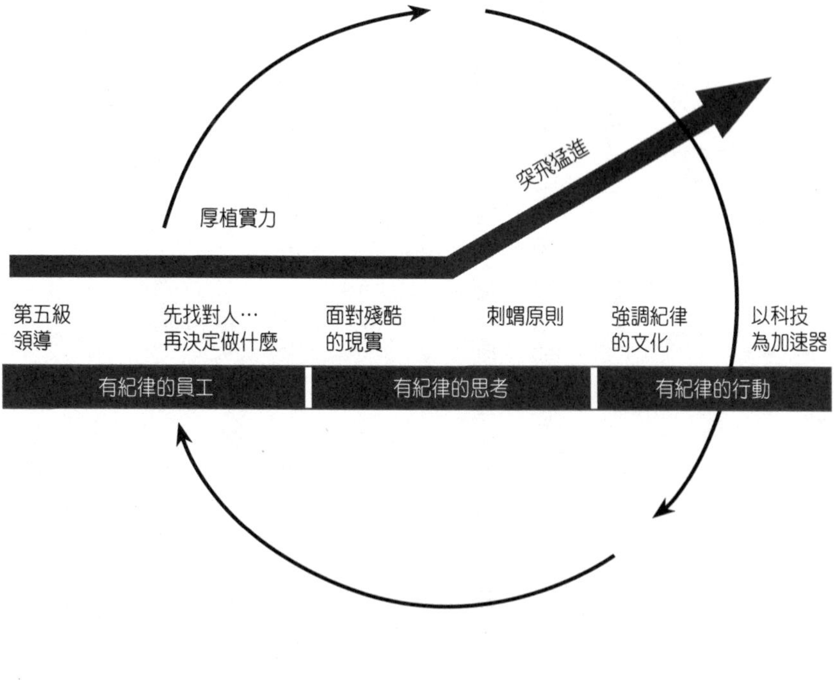
突飛猛進
厚植實力
第五級
領導
先找對人…
再決定做什麼
面對殘酷
的現實
刺蝟原則
強調紀律
的文化
以科技
為加速器
有紀律的員工
有紀律的思考
有紀律的行動

◎階段一：有紀律的員工

第五級領導人。第五級領導人的一切雄心壯志都是為了目標、為了組織、為了工作——而不是為了自己，而且他們有強烈的決心，要盡一切努力成功實現目標。第五級領導人都展現謙沖為懷的個性和專業堅持的意志力這兩種看似矛盾的風格。

先找對人，再決定要做什麼。卓越組織的創建者在決定方向前，都會先確定找到對的人上車，請不適任的人下車，同時把對的人放在適當的位子上。他們總是先找對人，再決定要做什麼。

◎階段二：有紀律的思考

面對殘酷的現實——史托克戴爾弔詭。無論遭遇到多大的困難，都相信自己一定能贏得最後勝利，而且堅持信念，絕不動搖；同時又有充分的紀律，願意坦誠面對眼前最殘酷的現實。

刺蝟原則。卓越源自於一連串符合刺蝟原則的好決定。符合刺蝟原則的做法反映出對於三個相互交疊的圓圈有深刻的理解：你們在哪些方面能達到世界頂尖水準？你們對什麼事業懷抱高度熱情？你們的經濟引擎主要靠什麼來驅動？

◎階段三：有紀律的行動

強調紀律的文化。有紀律的員工（在職責範疇內自由地）以有紀律的思考，採取有紀律的行動，就是創造卓越文化的重要基石。在強調紀律的文化中，重要的不是職位，而是責任。

飛輪效應。在追求卓越的過程中，沒有任何單一的決定性行動、偉大計劃或殺手級創新，也無法單憑僥倖或奇蹟，就能畢竟其功，而必須靠無休無止地推動巨大笨重的飛輪朝著一個方向前進，隨著飛輪一圈圈的轉動，逐漸累積動能，直到達到突破點後，突飛猛進。

◎階段四：基業長青

造鐘，而非報時。真正卓越的組織在經歷多次世代交替後，仍然蓬勃發展，而不是單靠一位偉大領導人、偉大的創意或計劃。卓越組織的領導人懂得建立起刺激進步的機制，而不是依賴個人領導魅力來完成工作。

保存核心和刺激進步。持久不墜的卓越組織都具有基本的二元特性。一方面具備一套恆久不變的核心價值和存在的核心意義。另一方面，又無止境地追求改變和進步——膽大包天的目標往往展現出這種創造性的驅動力。卓越組織深知核心價值觀（恆久不變）和營運策略及文化措施（隨時要適應外界的變動）之間的差異何在。

關於作者

柯林斯總共撰寫及合著了四本書，其中包括《基業長青》（*Built to Last*）和《從A到A⁺》（*Good to Great*）（以上兩書中文版均由遠流出版公司出版）。

柯林斯有強烈的好奇心，他在史丹佛商學研究所擔任教職時開始教學和研究工作，並曾榮獲傑出教師獎。

一九九六年，他回到科羅拉多州包

德爾市的家鄉，建立起自己的管理實驗室，他在那裡進行研究，並且和許多企業界及社會部門領導人合作共事。

柯林斯的教學網站上有更多關於他個人和作品的介紹，網頁上還有他收集的文章、錄音資料、推薦書單、討論指南、各種實用工具和其他資訊，這個爲了方便學生學習而設計的網站爲：www.jimcollins.com。

國家圖書館出版品預行編目資料

從 A 到 A^+ 的社會／詹姆・柯林斯 (Jim Collins) 著；
齊若蘭 譯 . -- 初版 . -- 臺北市：遠流， 2007 . 09
面 ； 公分 . -- （實戰智慧館；337）
譯自：Good to Great and the Social Sectors
ISBN 978-957-32-6121-6（精裝）

1. 組織管理

484.67 96012541